火的故事

目 录

火的起源

在很久很久以前，人类的祖先一直过着原始的生活，他们都非常害怕闪电，因为每次闪电都有巨大的雷声和强烈的闪光，他们认为这是天神发怒了。有时闪电打到干枯的树

木，还会使树木起火燃烧，大家都吓得躲了起来。

有一次，一个比较勇敢的人，等树木快烧完时，很小心地跑过去，捡起一根燃烧中的树枝，快步带回山洞里。火光把漆黑的山洞照得通明，大家都觉得好兴奋。为了不让火熄掉，他们又出去找了许多树枝回来，堆在火上，并且整天轮流守着，

以免熄火。大家围坐在火堆旁，一边干活，一边取暖。真该感
谢那位勇敢的取火人！

　　慢慢地，他们发现火还有许多好处。例如，煮熟的食物更
好吃，用火烧过的泥制土罐可以长期装水。另外，火还能当作
武器，用来保护自己或猎取更多的野兽。

火有这么多的用途，真是太宝贵了，万一火熄了怎么办？总不能天天盼望老天爷发怒，让闪电打到树木啊！

经过一段时间，终于有人发明了钻木取火，为大家解决了这个大问题。

◀ 徒手钻木取火

▶ 拉弓式钻木取火

取火的方法

钻木取火是将一根坚硬干燥的木棒，垂直紧压在另一块干木头上，以双掌夹紧木棒，用力地转动摩擦，过一会儿，在两片木头之间会因摩擦生热，冒出小小的火花，这时撒上一些碎木屑，就能起火燃烧。从此人类不再依赖老天爷，而只要用自己的双手便可以取火了。

原始人使用的各种石器

可是，钻木取火还是太麻烦、太费力气了，是不是还有其他更方便的方法呢？又经过很长的一段时间，有人发现用两块打火石互相擦撞，也能发出火花，这个方法简单多了。约二十万年前的北京山顶洞人已知道使用这个方法来取火。

用打火石取火

火的燃烧

蜡 烛为什么会燃烧呢？是不是只要划根火柴，点燃烛芯，蜡烛就可以大放光明呢？

现在让我们做一个小实验。先把桌上的一根蜡烛点燃，再

▼ 氧气充足时的蜡烛

▲ 盖上玻璃罩后烛焰变小

拿一个干净的大玻璃杯，倒过来把蜡烛整个罩住，这时烛火会越来越小，一会儿就熄灭了。咦！蜡烛为什么会熄灭呢？

原来，燃烧就像我们人一样，需要氧气，如果憋住不呼吸，过一阵子就会感到很难过，久了甚至会窒息昏倒。

▼ 氧气烧完后烛焰熄灭

　　在实验中，我们用杯子盖住蜡烛，等杯子里的氧气被烧完以后，蜡烛就熄灭了。如果在蜡烛熄灭之前，把杯子掀开，让外面的空气进去，火焰就可以继续燃烧。因此，点燃一根蜡烛，一定要有三件宝贝：火、充足的空气、蜡烛。这三件宝贝也就是燃烧的三要素：温度、助燃物、可燃物。

▲ 燃烧三要素

▲ 纸与棉花是易燃物

▼ 金属与玻璃是不易燃物

火的温度

上面我们提到了燃烧的温度，究竟在什么温度下物质才会起火燃烧呢？

使物质起火燃烧的温度称为燃点，每种物质的燃点并不一样。燃点高的需要较高的温度才能点燃，例如玻璃、金属等都是不易燃烧的东西；相反的，燃点越低的就越容易点燃，像纸、棉花等。

有些东西燃点非常低，甚至在平常的温度下，置于空气中，它就会自己燃烧起来，例如磷。

人体中含有许多磷元素，当人死后被埋在地底下，尸体会慢慢腐烂，磷也会渐渐被分解出来。在一些古老的墓地，因为土质松软，那些尸体所分解出来的磷，会由泥土的空隙中钻出

来，遇到了空气就会自己燃烧起来，在荒郊野外的夜晚很容易看见，这就是传说中的"鬼火"。

其实，我们日常用的火柴，就是把磷经特殊处理后，粘在火柴棒上制成的。小朋友知道了鬼火的真面目，就不会再害怕那些可怕的传说了。

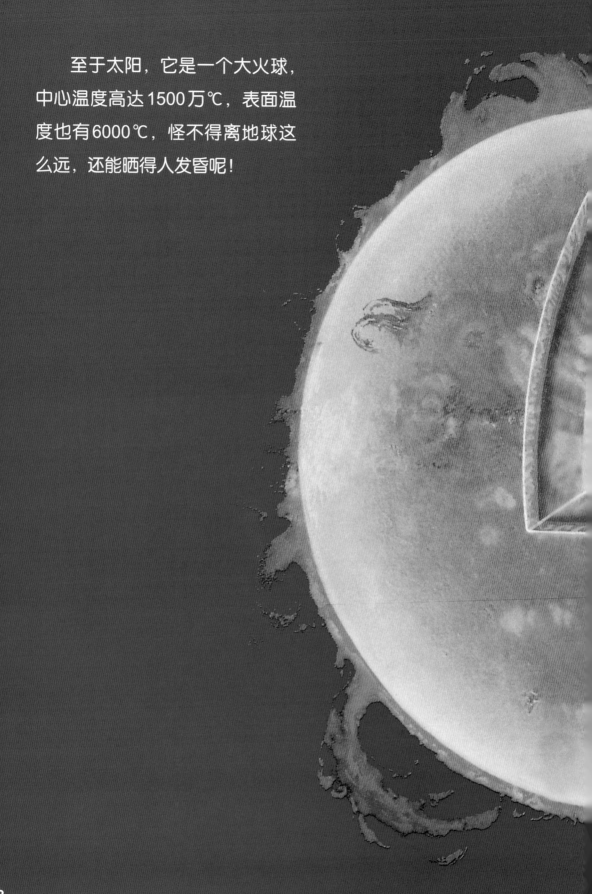

至于太阳，它是一个大火球，中心温度高达1500万℃，表面温度也有6000℃，怪不得离地球这么远，还能晒得人发昏呢！

火的军事用途

火 也可以当作武器使用。例如战国时代，齐国的田单利用
数百头角上绑刀、身披彩衣、尾扎干草的牛，编成了历
史上有名的"火牛阵"。等天黑之后，点燃牛尾上的干草，让
这些惊慌的牛群冲向燕国的军营，使燕军大乱，然后再出兵攻
打，结果轻易地便将燕国打败。

到了东汉末年，有名的赤壁之战也是利用火攻。当时江东孙权的大将黄盖，利用几艘装满木柴并浇有易燃油脂的战船，在夜里偷偷驶向对岸曹操的船队，假装前来投降，等快靠岸时，

忽然一声令下，点燃了所有战船上的柴火。由于曹军一点儿也没有准备，加上顺风的帮忙，曹军的船队也全都着火了，很快就被烧得一干二净，再也无法继续作战了。

另外，美洲的印地安人也常在箭头上绑一块浸有易燃油的布，点火后瞄准目标射出，使敌人的房屋、马车或帐篷着火。

25

熔化金属造器具

人类很早就发现火能熔化金属，于是将铜、铁用高温熔化后，塑成各种形状，制造出许多坚固耐用的工具和武器。从那时起，人类便不断地尝试建造温度更高的熔化炉，想要熔解更多的金属，制造有用的器具。像炒菜的锅、马路上的汽车、空中的飞机，这些都是利用火来熔化金属所制造出来的。

▲ 焊枪作业

　　人们还发明了一种有用的工具，称为"焊枪"，它是将可燃的气体装在筒中，再用管子接到一把枪形的器具上，当打开开关时，枪口会因气体的燃烧而冒出火焰，可以用来切断或焊接金属。

蒸汽力量大无比

除了前面说的功用之外，火还有一项最重要的功用，那就是制造蒸汽。

水被火加热一段时间后便会产生蒸汽。小朋友一定看过妈妈在烧开水时，水壶盖自动跳霹雳舞的情形，这都是水蒸气在里面作怪，它一直想冲开壶盖，到外面来透透气，别看它的个儿不大，一被火加热，力气可大得很。于是有人便利用它的力量发明了蒸汽机，用来推动机器，既可发电，又可使巨大的火车与轮船前进，真是了不起。

▼ 瓦特蒸汽机

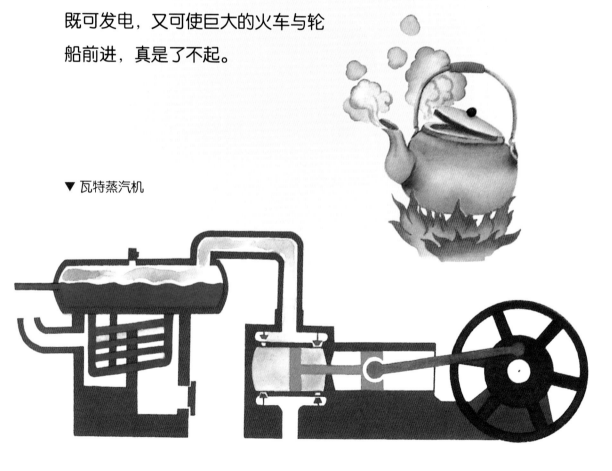

▲ 宇宙飞船升空

在电影中，小朋友或许看过有人不停地把煤铲进火车上的火炉里，那就是用来加热产生蒸汽动力的燃料。

看火箭升空时，尾部都会拖着一条长长的火焰，那是推进器中燃烧的气体。火箭必须依靠燃料燃烧时所产生的冲力，才能飞进太空中，进行伟大的太空探险，这一切都少不了火。

▲ 露天温泉

火与健康

火 对于人体的健康也有很大的影响，例如食物或饮水用火煮过以后，可以杀死里面的细菌。另外，许多衰退的火山常会产生温泉，它们大多是地下水被岩浆加热后，溶解了地下的矿物质，再沿着裂缝冒出地面。很早以前，就有人知道温泉能够治疗风湿及皮肤病，因此很受欢迎。

　　但另一方面，火的燃烧也会造成空气污染，伤害人体健康，例如焚烧废弃物，工厂及汽车排放废气，这些问题都需要大家合作来共同解决。

▲ 可怕的空气污染

可怕的火灾

除了空气污染之外，火还会造成人类生命财产的损失，其中最可怕的就是森林火灾，因为树木很容易燃烧，只要

32

一点点火苗，就可能使整片森林都陷入火海之中。有时一场森林大火会连续烧上好几天，连消防队都没办法将它熄灭，只能盼望老天下大雨，或者眼看着它整个烧完。

森林大火

离开营地前记得把火熄灭

　　所以小朋友一定要记得，下次和爸爸妈妈上山郊游烤肉时，离开以前一定要记得用水把火完全扑灭，果皮纸屑要记得带走。还要提醒爸爸不可乱丢烟头，否则一场森林大火，不只把树林烧光了，还会让森林中的小动物没有了家。

　　至于我们现在住的房子，虽然大多是钢筋水泥建造的，但是发生大火时仍然相当危险，因为房屋里有许多容易燃烧的家具，而且失火时的温度和浓烟，常会使人呼吸困难，甚至死亡。

火灾是怎么发生的呢？电线破损、忘记关好炉火、小朋友乱玩火柴，都可能是引起火灾的原因。

　　为了防止火灾，平时就要：

　　(1)定期检查电线有没有破损。

　　(2)炉子在煮东西时不要外出。

　　(3)晚上睡觉前，要记得把电器的插头拔下。

　　(4)最重要的是，小朋友千万不可以趁爸爸妈妈不在家时玩火。

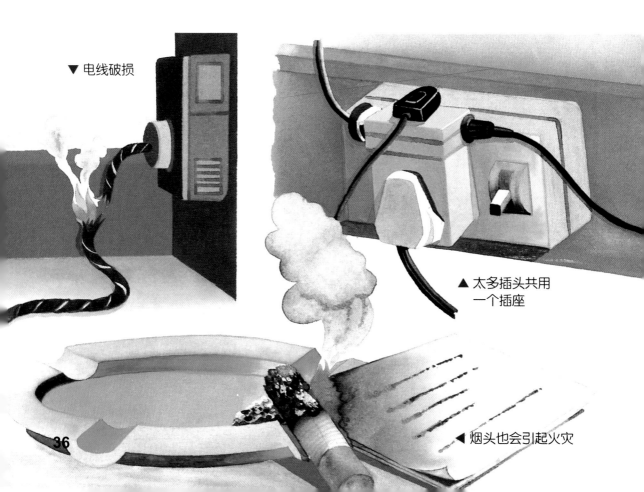

▼ 电线破损

▲ 太多插头共用一个插座

◀ 烟头也会引起火灾

不可乱玩火

▼ 注意炉火

发生火灾时怎么办

火灾发生时，第一件事就是打119电话报警，让消防队知道火灾的地点，然后大声呼叫，告知邻居赶快离开着火的房屋。

通常消防队都是用水来灭火，因为水的温度低，可以吸收大量的热，使燃烧的物体因为温度不够高而无法继续燃烧，而且水能隔离燃烧所需的氧气，使火熄灭。

但如果是电线走火，千万不可以浇水，因为水会传电，可能会把救火的人电死。汽油着火时，也不可以拿水救火，因为油比水轻，浮在水面上的油四处燃烧，反而使火越烧越大。这时候我们可以拿土来灭火，但最好的方法还是用灭火器。

灭火器里面装了药粉和药水，要用的时候，把它倒过来，筒里的药粉和药水一混合，就会产生许多二氧化碳泡沫，由橡皮管喷出，这些泡沫会把着火的物体整个包住，隔绝了空气，火就熄灭了。

无论用哪一种方法救火，我们都要记住三个原则：(1)移开可燃物，例如棉被、窗帘等；(2)隔绝空气的供应；(3)降低温度。

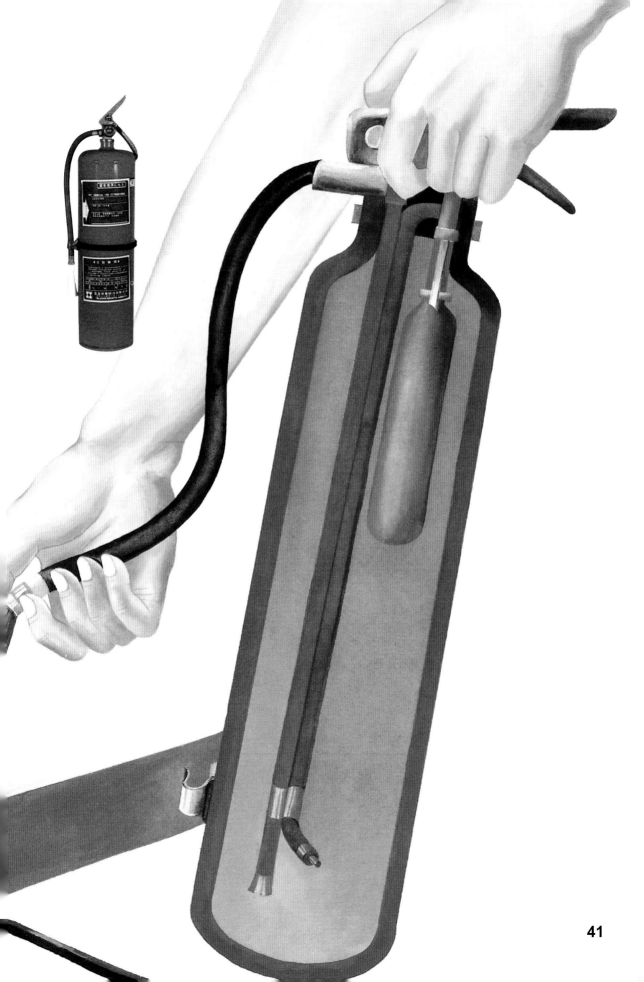

火灾中如何逃生

如 果自己不小心被困在失火的房子里，一定要保持冷静。赶快进入一间有窗户的房间，关上房门，并用毛毯塞住

▼ 火灾逃生三步骤

门缝，挡住浓烟，然后在窗口呼救。如果整栋建筑物都已经充满了浓烟，便用一条微湿的手帕捂住自己的口鼻，尽量趴在地板上爬离火源。因为热空气会往上升，呛人的浓烟都飘浮在天花板附近，所以越靠近地面，呼吸到的空气越干净。

被火灼伤了怎么办

　　一般的灼伤会使皮肤上浮起一粒粒的水泡，这时候绝对不可以刺破水泡，也不要用手去碰灼伤的部位，更不要在伤口上擦药膏、油脂或任何药水，因为这样反而会使伤口感染细菌。

▲ ▶ 灼伤的处理

正确的做法应该是把灼伤的部位放在冷水下缓缓冲凉，或浸在干净的冷水里10分钟，如果伤口仍然很疼，可以浸久一点。在皮肤肿起来以前，先轻轻拿掉受伤部位的戒指、手表等物品，然后小心地在灼伤部位缠上干净的毛巾或绷带。

如果被灼伤的部分太大，或是伤口较深，要赶快到医院看医生，不要延误了治疗的时间。

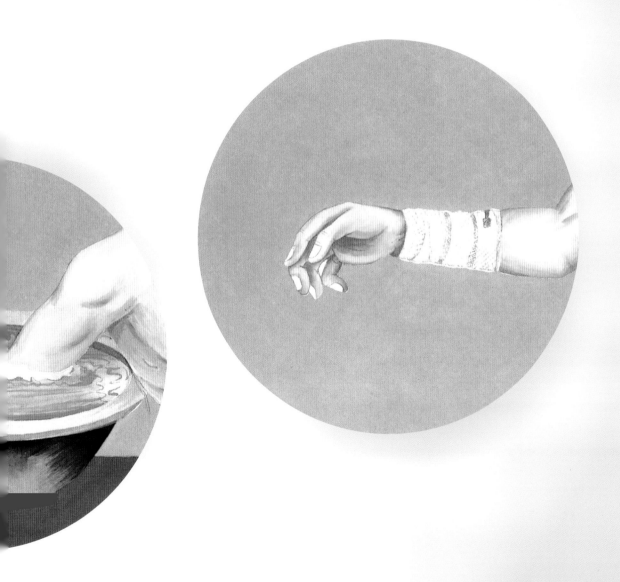

善用火资源

火 是人类生活中不可缺少的资源，它为人类文明带来了光明与希望，使科技文明更加进步，但是火也有可怕的一面，例如火山爆发、火灾的发生，以及由此产生的空气污染。

现在有许多科学家正在努力寻找代替火的其他能源，例如太阳能。太阳每天带给地球光和热，是一项既便宜又珍贵的能

▼ 太阳能热水器

▲ 热气球也是利用火焰燃烧空气而上升飞行的

源，科学家已研究出如何利用太阳能来发电，这不但可以减少
火力发电所造成的污染，更不用怕燃料用完了怎么办。

　　虽然如此，太阳能的广泛利用，仍然需要一段时间来继续
研究，所以，目前我们不但要知道如何充分运用火，使人类的
生活更进步，还要懂得节约能源。

图书在版编目（ＣＩＰ）数据

火的故事/台湾牛顿出版公司编著. — 北京 ：
人民教育出版社，2015.1
　（小牛顿百科馆）
ISBN 978-7-107-29136-4

Ⅰ.①火…　Ⅱ.①台…　Ⅲ.①火—少儿读物
Ⅳ.①TQ038.1-49

中国版本图书馆 CIP 数据核字(2014)第 242393 号

本书由牛顿出版股份有限公司授权人民教育出版社出版发行
北京市版权局著作权合同登记号　图字：01–2014–8350号

责任编辑：王林
美术编辑：王喆
图文制作：北京人教聚珍图文技术有限公司

人民教育出版社　出版发行
网址：http://www.pep.com.cn
保定市中画美凯印刷有限公司印装　全国新华书店经销
2015 年 1 月第 1 版　2015 年 1 月第 1 次印刷
开本：787 毫米 ×1092 毫米　1/16　印张：3
字数：60 千字
定价：12.00 元